Crea la tua VPN: Una guida passo dopo passo

errori od omissioni, indipendentemente dal fatto che tali errori od omissioni derivino da negligenza, errori o qualsiasi altra causa.

Sommario

1 Introduzione

1.1 Perché creare la tua VPN

Nell'era digitale odierna, la privacy e la sicurezza online sono diventate sempre più importanti. Hacker e altri malintenzionati sono costantemente alla ricerca di modi per rubare informazioni personali e dati sensibili, rendendo essenziale adottare le misure necessarie per salvaguardare le nostre attività online.

Un modo per migliorare la privacy e la sicurezza online è creare una rete privata virtuale (VPN), che può offrire una serie di vantaggi:

1. Maggiore privacy: creando la tua VPN, puoi assicurarti che il tuo traffico Internet sia crittografato e nascosto da occhi indiscreti, come il tuo provider di servizi Internet. Utilizzare una VPN può essere particolarmente utile quando si utilizzano reti Wi-Fi non protette, come quelle presenti in bar, aeroporti o camere d'albergo. Può aiutare a proteggere le tue attività online e i tuoi dati personali da tracciamenti, monitoraggi o intercettazioni.

2. Maggiore sicurezza: i servizi VPN pubblici possono essere vulnerabili ad attacchi informatici e violazioni dei dati, che possono esporre le tue informazioni personali ai criminali informatici. Creando la tua VPN, puoi avere un maggiore controllo sulla sicurezza della tua connessione e sui dati trasmessi tramite essa.

3. Accesso a contenuti con restrizioni geografiche: alcuni siti web e servizi online potrebbero essere limitati in determinate regioni, ma connettendoti a un server VPN situato in un'altra regione, potresti essere in grado di accedere a contenuti che altrimenti non sarebbero disponibili per te.

4. Convenienza: sebbene siano disponibili molti servizi VPN pubblici, la maggior parte richiede un abbonamento. Creando la tua VPN, puoi evitare questi costi e avere un maggiore controllo sull'utilizzo della tua VPN.

5. Flessibilità e personalizzazione: creare la tua VPN ti consente di personalizzare la tua esperienza VPN in base alle tue esigenze specifiche. Puoi scegliere il livello di crittografia che vuoi utilizzare, la posizione del server e il protocollo di rete come TCP o UDP. Questa flessibilità può aiutarti a ottimizzare la tua VPN per attività specifiche come giochi, streaming o download, offrendoti un'esperienza fluida e sicura.

Nel complesso, creare la tua VPN può essere un modo efficace per migliorare la privacy e la sicurezza online, offrendo al contempo flessibilità e convenienza. Con le giuste risorse e la giusta guida, può essere un investimento prezioso per la tua sicurezza online.

1.2 Informazioni su questo libro

Questo libro è una guida passo passo per creare il tuo server IPsec VPN, OpenVPN e WireGuard. Nel capitolo 2, imparerai come creare un server cloud su provider come DigitalOcean, Vultr, Linode e OVH. Il capitolo 3 riguarda la connessione al server tramite SSH e la configurazione di WireGuard,

OpenVPN e IPsec VPN. Il capitolo 4 riguarda la configurazione del client VPN su Windows, macOS, Android e iOS. Nel capitolo 5, imparerai come gestire i client VPN.

IPsec VPN, OpenVPN e WireGuard sono protocolli VPN popolari e ampiamente utilizzati. Internet Protocol Security (IPsec) è una suite di protocolli di rete sicuri. OpenVPN è un protocollo VPN open source, robusto e altamente flessibile. WireGuard è una VPN veloce e moderna progettata con gli obiettivi di facilità d'uso e alte prestazioni.

2 Creare un server cloud

Come primo passo, avrai bisogno di un server cloud o di un server virtuale privato (VPS) per creare la tua VPN. Ecco alcuni provider di server popolari come riferimento:

- DigitalOcean (https://www.digitalocean.com)
- Vultr (https://www.vultr.com)
- Linode (https://www.linode.com)
- OVH (https://www.ovhcloud.com/en/vps/)

Per prima cosa, scegli un provider di server. Quindi fai riferimento ai passaggi di esempio in questo capitolo per iniziare. Per creare il proprio server è bene utilizzare l'ultima versione di Ubuntu Linux LTS o Debian Linux (Ubuntu 24.04 o Debian 12 al momento della scrittura) come sistema operativo, con 1 GB o più di memoria.

Gli utenti avanzati possono configurare il server VPN su un Raspberry Pi (https://www.raspberrypi.com). Per prima cosa accedi al tuo Raspberry Pi e apri il Terminale, quindi segui le istruzioni nel capitolo 3, Configurare il server VPN, sezioni 3.2-3.5. Prima di connetterti, potresti dover inoltrare le porte del tuo router all'IP locale del Raspberry Pi. Fai riferimento alle porte predefinite per ogni tipo di VPN nel capitolo 3.

2.1 Creare un server su DigitalOcean

1. Registrati per creare un account DigitalOcean: vai al sito web DigitalOcean (https://www.digitalocean.com) e registrati per creare un account se non l'hai già fatto.

2. Dopo aver effettuato l'accesso alla dashboard DigitalOcean, fai clic sul pulsante "Create" nell'angolo in alto a destra dello schermo e seleziona "Droplets" dal menu a discesa.

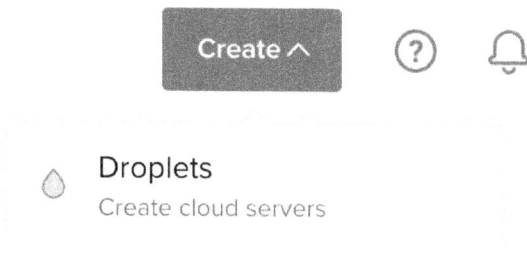

Create ∧   (?)   🔔

💧 **Droplets**
   Create cloud servers

3. Seleziona una regione del data center in base alle tue esigenze, ad esempio quella più vicina alla tua posizione.

Choose Region

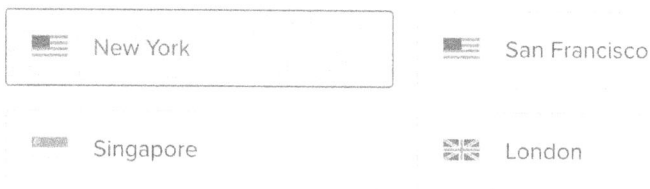

New York	San Francisco
Singapore	London

Datacenter

New York • Datacenter 3 • NYC3   ∨

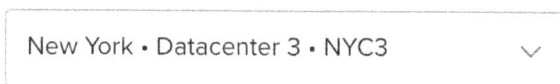

4. In "Choose an image", seleziona l'ultima versione di Ubuntu Linux LTS (ad esempio Ubuntu 24.04) dall'elenco delle immagini disponibili.

Ubuntu	Fedora	Debian	CentOS

Version

24.04 (LTS) x64 ⌄

5. Scegli un piano per il tuo server. Puoi selezionare tra varie opzioni in base alle tue esigenze. Per una VPN personale, un piano CPU condiviso di base con disco SSD normale e 1 GB di memoria è probabilmente sufficiente.

Droplet Type

SHARED CPU

Basic (Plan selected)	General Purpose	CPU-Opti

CPU options

● Regular Disk type: SSD	Premium Intel Disk: NVMe SSD

$6/mo $0.009/hour	$12/mo $0.018/hour	$18/mo $0.027/hour
← 1 GB / 1 CPU 25 GB SSD Disk 1000 GB transfer	2 GB / 1 CPU 50 GB SSD Disk 2 TB transfer	2 GB / 2 CPUs 60 GB SSD Disk 3 TB transfer

6. Seleziona "Password" come metodo di autenticazione, quindi inserisci una password di root forte e sicura. Per la sicurezza del tuo server, è fondamentale scegliere una

password di root forte e sicura. In alternativa, puoi utilizzare le chiavi SSH per l'autenticazione.

7. Seleziona eventuali opzioni aggiuntive come backup e IPv6, se lo desideri.

8. Inserisci un nome host per il tuo server e fai clic su "Create Droplet".

9. Attendi qualche minuto affinché il server venga creato.

Una volta che il server è pronto, puoi accedere tramite SSH utilizzando il nome utente `root` e la password immessa durante la creazione del server. Vedere il capitolo 3 per maggiori dettagli.

2.2 Creare un server su Vultr

1. Registrati per creare un account Vultr: vai al sito web di Vultr (https://www.vultr.com) e registrati per creare un account se non l'hai già fatto.

2. Dopo aver effettuato l'accesso alla dashboard di Vultr, clicca sul pulsante "Deploy" e seleziona "Deploy New Server".

Deploy +

Deploy New Server

3. Scegli un tipo di piano per il tuo server. Puoi scegliere tra varie opzioni in base alle tue esigenze. Per una VPN personale, un piano di CPU condivisa di cloud computing è probabilmente sufficiente.

Cloud Compute - Shared CPU

Virtual machines for apps with bursty performance, e.g. low traffic websites, blogs, CMS, dev/test environments, and small databases.

4. Scegli una posizione del server in base alle tue esigenze, ad esempio quella più vicina alla tua posizione.

All Locations   Americas   Europe   Australia   Asia   /

🇺🇸 **Miami** United S. ✓   🇺🇸 **Atlanta** United St...

5. Seleziona l'ultima versione di Ubuntu Linux LTS (ad esempio Ubuntu 24.04) come immagine del server.

Ubuntu

24.04 LTS x64 ▾

6. Seleziona la dimensione del server desiderata in base alle tue esigenze. Per una VPN personale, 1 GB di memoria è probabilmente sufficiente.

Regular Cloud Compute ⓘ

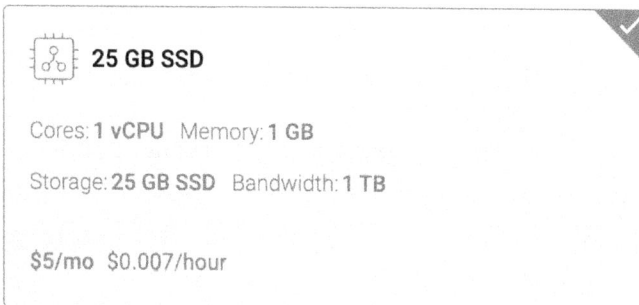

25 GB SSD

Cores: **1 vCPU**   Memory: **1 GB**

Storage: **25 GB SSD**   Bandwidth: **1 TB**

$5/mo $0.007/hour

7. Scegli eventuali opzioni aggiuntive di cui hai bisogno, come IPv6.

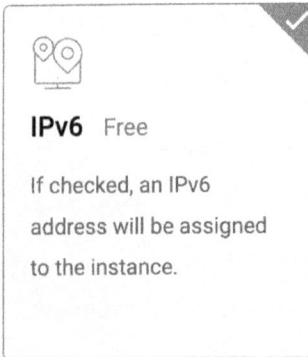

IPv6 Free

If checked, an IPv6
address will be assigned
to the instance.

8. Inserisci un nome host e un'etichetta per il server.

Server Hostname   Server Label

Enter server hostname (6/63)   Enter server label
ubuntu   ubuntu

9. Fai clic su "Deploy Now".

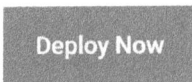

Deploy Now

10. Attendi qualche minuto affinché il server venga creato.

Una volta che il server è pronto, puoi accedere tramite SSH utilizzando il nome utente `root` e la password fornita nel pannello di controllo di Vultr. Vedere il capitolo 3 per maggiori dettagli.

2.3 Creare un server su Linode

1. Registrati per creare un account Linode: vai al sito web di Akamai Linode (https://www.linode.com) e registrati per creare un account se non l'hai già fatto.

2. Dopo aver effettuato l'accesso alla dashboard di Akamai Linode, clicca sul pulsante "Create" nell'angolo in alto a sinistra dello schermo, quindi seleziona "Linode" dal menu a discesa.

3. Seleziona l'ultima versione di Ubuntu Linux LTS (ad esempio Ubuntu 24.04) come immagine del server.

Choose an OS

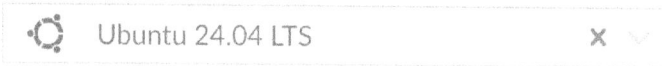

4. Scegli una regione in cui desideri che si trovi il tuo server e seleziona un piano in base alle tue esigenze. Per una VPN personale, un piano CPU condivisa da 1 GB è probabilmente sufficiente.

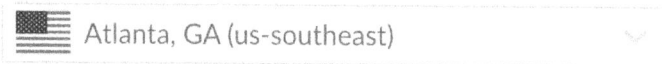

Shared CPU instances are good for medium-duty workloads and are a good mix of performance, resources, and price.

Nanode 1 GB
$5/mo ($0.0075/hr)
1 CPU, 25 GB Storage, 1 GB RAM
1 TB Transfer
40 Gbps In / 1 Gbps Out

5. Inserisci una password di root forte e sicura per l'autenticazione. Per la sicurezza del tuo server, è fondamentale scegliere una password di root forte e sicura. Inoltre, hai anche la possibilità di utilizzare chiavi SSH per l'autenticazione.

Root Password

👁 •••••••••••••••••••

Good

6. Seleziona eventuali opzioni aggiuntive di cui hai bisogno, come i backup.

Add-ons

Backups $2.00 per month
Three backup slots are executed and rotated automatically: a daily backup, a 2-7 day old backup, and an 8-14 day old backup. Plans are priced according to the Linode plan selected above.

7. Fai clic sul pulsante "Create Linode".

Create Linode

8. Attendi qualche minuto affinché il server venga creato.

Una volta che il server è pronto, puoi accedere tramite SSH utilizzando il nome utente root e la password immessa durante la creazione del server. Vedere il capitolo 3 per maggiori dettagli.

2.4 Creare un server su OVH

1. Vai al sito web OVH VPS:
   https://www.ovhcloud.com/en/vps/

2. Scegli un piano per il tuo server. Per una VPN personale, è probabile che sia sufficiente un piano "starter" o "value". Fai clic sul pulsante "Order now" accanto al piano VPS che desideri utilizzare.

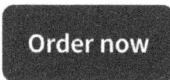

Order now

3. Seleziona "Distribution only", quindi seleziona l'ultima versione di Ubuntu Linux LTS (ad esempio Ubuntu 24.04) come sistema operativo.

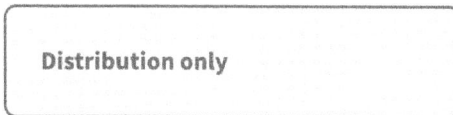

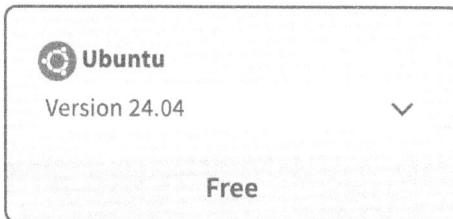

Distribution only

Ubuntu
Version 24.04 ⌄

Free

4. Scegli la posizione del data center in cui desideri che si trovi il tuo server.

☑ **North America, Canada, Beauharnois (BHS)**

☐ Asia-Pacific, Australia, Sydney (SYD)

☐ Asia-Pacific, Singapore, Singapore (SGP)

☐ Western Europe, France, Gravelines (GRA)

5. Seleziona le opzioni aggiuntive di cui hai bisogno, come gli snapshot.

☐ **Snapshot**   **$1.20** /month

Capture an image of your server at a given time. This option is easy to use, and perfect for quickly restoring your VPS or securing it before you make changes.

6. Rivedi il tuo ordine, quindi clicca sul pulsante "Login and pay".

Login and pay →

7. Accedi al tuo account OVH o creane uno nuovo se non ne hai uno.

8. Conferma il tuo ordine ed effettua il pagamento.

9. Attendi che il tuo server venga fornito. Questo processo potrebbe richiedere alcuni minuti.

Una volta che il server è pronto, puoi accedere tramite SSH utilizzando il nome utente root e la password forniti nell'e-mail ricevuta da OVH. Vedere il capitolo 3 per maggiori dettagli.

3 Configurare il server VPN

Dopo aver creato il tuo server cloud o server virtuale privato (VPS), segui le istruzioni in questo capitolo per connetterti al tuo server tramite SSH, aggiornare il sistema operativo e installare WireGuard, OpenVPN e/o IPsec VPN con IKEv2.

3.1 Connessione al server tramite SSH

Dopo aver creato il tuo server cloud, puoi accedervi tramite SSH. Puoi usare il terminale sul tuo computer locale o uno strumento come Git per Windows per connetterti al tuo server tramite il suo indirizzo IP e le tue credenziali di accesso root.

Per connetterti al tuo server tramite SSH da Windows, macOS o Linux, segui i passaggi sottostanti:

1. Apri il terminale sul tuo computer. Su Windows, puoi usare un emulatore di terminale come Git per Windows.

   Git per Windows: https://git-scm.com/downloads
   Scarica la versione portatile, quindi fai doppio clic per installare. Al termine, apri la cartella `PortableGit` e fai doppio clic per eseguire `git-bash.exe`.

2. Digita il seguente comando, sostituendo `username` con il tuo nome utente (ad esempio `root`) e `server-ip` con l'indirizzo IP o il nome host del tuo server:

   ```
   ssh username@server-ip
   ```

3. Se è la prima volta che ti connetti al server, potrebbe esserti richiesto di accettare l'impronta digitale della chiave SSH del server. Digita "yes" e premi Invio per continuare.

4. Se stai utilizzando una password per effettuare l'accesso, ti verrà chiesto di inserire la tua password. Digita la tua password e premi Invio.

5. Se è la prima volta che ti connetti al server e ti viene richiesto di modificare la password di root, immetti una nuova password complessa e sicura. Altrimenti, salta questo passaggio. Per la sicurezza del tuo server, è fondamentale scegliere una password di root complessa e sicura.

6. Una volta autenticato, accederai al server tramite SSH.

7. Ora puoi eseguire comandi sul server tramite il terminale.

8. Per disconnetterti dal server, digita semplicemente il comando `exit` e premi Invio.

3.2 Aggiornare il server

Dopo esserti connesso al server tramite SSH, puoi aggiornarlo eseguendo i seguenti comandi e riavviando. Questo è facoltativo, ma consigliato.

```
sudo apt update && sudo apt -y upgrade
sudo reboot
```

Le best practice per la sicurezza dei server Linux consigliano di aggiornare regolarmente il sistema operativo del server per mantenerlo aggiornato con le ultime patch e gli ultimi aggiornamenti di sicurezza.

3.3 Installare WireGuard

GitHub: https://github.com/hwdsl2/wireguard-install

Per prima cosa, connettiti al tuo server tramite SSH.

Scarica lo script di installazione di WireGuard:

```
wget https://get.vpnsetup.net/wg -O wg.sh
```

Opzione 1: installare automaticamente WireGuard utilizzando le opzioni predefinite.

```
sudo bash wg.sh --auto
```

Per i server con un firewall esterno (ad esempio Amazon EC2), apri la porta UDP 51820 per la VPN.

Esempio di output:

```
$ sudo bash wg.sh --auto

WireGuard Script
https://github.com/hwdsl2/wireguard-install

Starting WireGuard setup using default options.

Server IP: 192.0.2.1
Port: UDP/51820
Client name: client
Client DNS: Google Public DNS

Installing WireGuard, please wait...
+ apt-get -yqq update
```

```
+ apt-get -yqq install wireguard qrencode
+ systemctl enable --now wg-iptables.service
+ systemctl enable --now wg-quick@wg0.service
```

```
--------------------------------
| Codice QR per la configurazione |
| del client                      |
--------------------------------
```

↑ That is a QR code containing the client configuration.

Finished!

The client configuration is available in: /root/client.conf
New clients can be added by running this script again.

Dopo la configurazione, puoi eseguire nuovamente lo script per gestire gli utenti o disinstallare WireGuard. Consulta il capitolo 5 per maggiori dettagli.

Passaggi successivi: fai in modo che il tuo computer o dispositivo utilizzi la VPN. Consulta:

4.2 Configurare i client VPN WireGuard

Goditi la tua VPN personale!

Opzione 2: installazione interattiva utilizzando opzioni personalizzate.

```
sudo bash wg.sh
```

19

Puoi personalizzare le seguenti opzioni: nome DNS del server VPN, porta UDP, server DNS per i client VPN e nome del primo client.

Passaggi di esempio (sostituire con i propri valori):

Nota: queste opzioni potrebbero cambiare nelle versioni più recenti dello script. Leggi attentamente prima di selezionare l'opzione desiderata.

```
$ sudo bash wg.sh

Welcome to this WireGuard server installer!
GitHub: https://github.com/hwdsl2/wireguard-install

I need to ask you a few questions before starting
setup. You can use the default options and just press
enter if you are OK with them.
```

Inserisci il nome DNS del server VPN:

```
Do you want WireGuard VPN clients to connect to this
server using a DNS name, e.g. vpn.example.com,
instead of its IP address? [y/N] y

Enter the DNS name of this VPN server:
vpn.example.com
```

Seleziona una porta UDP per WireGuard:

```
Which port should WireGuard listen to?
Port [51820]:
```

Fornisci un nome per il primo client:

```
Enter a name for the first client:
Name [client]:
```

Seleziona server DNS:

```
Select a DNS server for the client:
    1) Current system resolvers
    2) Google Public DNS
    3) Cloudflare DNS
    4) OpenDNS
    5) Quad9
    6) AdGuard DNS
    7) Custom
DNS server [2]:
```

Conferma e avvia l'installazione di WireGuard:

```
WireGuard installation is ready to begin.
Do you want to continue? [Y/n]
```

Gli utenti avanzati possono anche installare automaticamente WireGuard utilizzando opzioni personalizzate. Per maggiori dettagli, esegui:

```
sudo bash wg.sh -h
```

Dopo la configurazione, puoi eseguire nuovamente lo script per gestire gli utenti o disinstallare WireGuard. Consulta il capitolo 5 per maggiori dettagli.

Passaggi successivi: fai in modo che il tuo computer o dispositivo utilizzi la VPN. Consulta:

4.2 Configurare i client VPN WireGuard

Goditi la tua VPN personale!

3.4 Installare OpenVPN

GitHub: https://github.com/hwdsl2/openvpn-install

Per prima cosa, connettiti al tuo server tramite SSH.

Scarica lo script di installazione di OpenVPN:

```
wget https://get.vpnsetup.net/ovpn -O ovpn.sh
```

Opzione 1: installare automaticamente OpenVPN utilizzando le opzioni predefinite.

```
sudo bash ovpn.sh --auto
```

Per i server con un firewall esterno (ad esempio Amazon EC2), apri la porta UDP 1194 per la VPN.

Esempio di output:

```
$ sudo bash ovpn.sh --auto

OpenVPN Script
https://github.com/hwdsl2/openvpn-install

Starting OpenVPN setup using default options.

Server IP: 192.0.2.1
Port: UDP/1194
Client name: client
Client DNS: Google Public DNS

Installing OpenVPN, please wait...
+ apt-get -yqq update
+ apt-get -yqq --no-install-recommends install \
  openvpn
```

```
+ apt-get -yqq install openssl ca-certificates
+ ./easyrsa --batch init-pki
+ ./easyrsa --batch build-ca nopass
+ ./easyrsa --batch --days=3650 build-server-full \
  server nopass
+ ./easyrsa --batch --days=3650 build-client-full \
  client nopass
+ ./easyrsa --batch --days=3650 gen-crl
+ openvpn --genkey --secret \
  /etc/openvpn/server/tc.key
+ systemctl enable --now openvpn-iptables.service
+ systemctl enable --now \
  openvpn-server@server.service

Finished!


The  client  configuration  is  available  in:
/root/client.ovpn
New  clients  can  be  added  by  running  this  script
again.
```

Dopo la configurazione, puoi eseguire nuovamente lo script per gestire gli utenti o disinstallare OpenVPN. Consulta il capitolo 5 per maggiori dettagli.

Passaggi successivi: fai in modo che il tuo computer o dispositivo utilizzi la VPN. Consulta:

4.3 Configurare i client OpenVPN

Goditi la tua VPN personale!

Opzione 2: installazione interattiva utilizzando opzioni personalizzate.

```
sudo bash ovpn.sh
```

Puoi personalizzare le seguenti opzioni: nome DNS del server VPN, protocollo (TCP/UDP) e porta, server DNS per client VPN e nome del primo client.

Passaggi di esempio (sostituire con i propri valori):

Nota: queste opzioni potrebbero cambiare nelle versioni più recenti dello script. Leggi attentamente prima di selezionare l'opzione desiderata.

```
$ sudo bash ovpn.sh

Welcome to this OpenVPN server installer!
GitHub: https://github.com/hwdsl2/openvpn-install

I need to ask you a few questions before starting
setup. You can use the default options and just press
enter if you are OK with them.
```

Inserisci il nome DNS del server VPN:

```
Do you want OpenVPN clients to connect to this server
using a DNS name, e.g. vpn.example.com, instead of
its IP address? [y/N] y

Enter the DNS name of this VPN server:
vpn.example.com
```

Seleziona protocollo e porta per OpenVPN:

```
Which protocol should OpenVPN use?
   1) UDP (recommended)
   2) TCP
Protocol [1]:
```

```
Which port should OpenVPN listen to?
Port [1194]:
```

Seleziona server DNS:

```
Select a DNS server for the clients:
    1) Current system resolvers
    2) Google Public DNS
    3) Cloudflare DNS
    4) OpenDNS
    5) Quad9
    6) AdGuard DNS
    7) Custom
DNS server [2]:
```

Fornisci un nome per il primo client:

```
Enter a name for the first client:
Name [client]:
```

Conferma e avvia l'installazione di OpenVPN:

```
OpenVPN installation is ready to begin.
Do you want to continue? [Y/n]
```

Gli utenti avanzati possono anche installare automaticamente OpenVPN utilizzando opzioni personalizzate. Per maggiori dettagli, esegui:

```
sudo bash ovpn.sh -h
```

Dopo la configurazione, puoi eseguire nuovamente lo script per gestire gli utenti o disinstallare OpenVPN. Consulta il capitolo 5 per maggiori dettagli.

Passaggi successivi: fai in modo che il tuo computer o dispositivo utilizzi la VPN. Consulta:

4.3 Configurare i client OpenVPN

Goditi la tua VPN personale!

3.5 Installare IPsec VPN con IKEv2

GitHub: https://github.com/hwdsl2/setup-ipsec-vpn

Per prima cosa, connettiti al tuo server tramite SSH.

Scarica lo script di installazione IPsec VPN:

```
wget https://get.vpnsetup.net -O vpn.sh
```

Opzione 1: installare automaticamente utilizzando le opzioni predefinite.

```
sudo sh vpn.sh
```

Per i server con un firewall esterno (ad esempio Amazon EC2), apri le porte UDP 500 e 4500 per la VPN.

Esempio di output:

```
$ sudo sh vpn.sh

... ... (output omesso)
==================================================

IPsec VPN server is now ready for use!

Connect to your new VPN with these details:
```

```
Server IP: 192.0.2.1
IPsec PSK: [il tuo PSK IPsec]
Username: vpnuser
Password: [la tua password VPN]


Write these down. You'll need them to connect!


VPN client setup: https://vpnsetup.net/clients


===================================================

===================================================


IKEv2 setup successful. Details for IKEv2 mode:


VPN server address: 192.0.2.1
VPN client name: vpnclient


Client configuration is available at:
/root/vpnclient.p12 (for Windows & Linux)
/root/vpnclient.sswan (for Android)
/root/vpnclient.mobileconfig (for iOS & macOS)


Next steps: Configure IKEv2 clients. See:
https://vpnsetup.net/clients


===================================================
```

Dopo la configurazione, puoi eseguire `sudo ikev2.sh` per gestire i client IKEv2. Consulta il capitolo 5 per maggiori dettagli.

Passaggi successivi: fai in modo che il tuo computer o dispositivo utilizzi la VPN. Consulta:

4.4 Configurare i client VPN IKEv2

Goditi la tua VPN personale!

Opzione 2: installazione interattiva utilizzando opzioni personalizzate.

```
sudo VPN_SKIP_IKEV2=yes sh vpn.sh
sudo ikev2.sh
```

Puoi personalizzare le seguenti opzioni: nome DNS del server VPN, nome e periodo di validità del primo client, server DNS per i client VPN e se proteggere con password i file di configurazione del client.

Passaggi di esempio (sostituire con i propri valori):

Nota: queste opzioni potrebbero cambiare nelle versioni più recenti dello script. Leggi attentamente prima di selezionare l'opzione desiderata.

```
$ sudo VPN_SKIP_IKEV2=yes sh vpn.sh
... ... (output omesso)

$ sudo ikev2.sh


Welcome! Use this script to set up IKEv2 on your VPN
server.

I need to ask you a few questions before starting
setup. You can use the default options and just press
enter if you are OK with them.
```

Inserisci il nome DNS del server VPN:

Do you want IKEv2 clients to connect to this server using a DNS name, e.g. vpn.example.com, instead of its IP address? [y/N] y

Enter the DNS name of this VPN server:
vpn.example.com

Inserisci il nome e il periodo di validità del primo client:

Provide a name for the IKEv2 client.
Use one word only, no special characters except '-' and '_'.
Client name: [vpnclient]

Specify the validity period (in months) for this client certificate.
Enter an integer between 1 and 120: [120]

Specificare server DNS personalizzati:

By default, clients are set to use Google Public DNS when the VPN is active.
Do you want to specify custom DNS servers for IKEv2? [y/N] y

Enter primary DNS server: 1.1.1.1
Enter secondary DNS server (Enter to skip): 1.0.0.1

Selezionare se proteggere con password i file di configurazione del client:

IKEv2 client config files contain the client certificate, private key and CA certificate. This script can optionally generate a random password to protect these files.

```
Protect client config files using a password? [y/N]
```

Rivedere e confermare le opzioni di installazione:

```
We are ready to set up IKEv2 now.
Below are the setup options you selected.


====================================

Server address: vpn.example.com
Client name: vpnclient

Client cert valid for: 120 months
MOBIKE support: Not available
Protect client config: No
DNS server(s): 1.1.1.1 1.0.0.1


====================================

Do you want to continue? [Y/n]
```

Dopo la configurazione, puoi eseguire sudo ikev2.sh per gestire i client IKEv2. Consulta il capitolo 5 per maggiori dettagli.

Passaggi successivi: fai in modo che il tuo computer o dispositivo utilizzi la VPN. Consulta:

4.4 Configurare i client VPN IKEv2

Goditi la tua VPN personale!

3.6 Disinstalla la VPN

Se vuoi rimuovere WireGuard, OpenVPN e/o IPsec VPN dal server, segui questi passaggi.

Attenzione: tutte le configurazioni VPN verranno **eliminate definitivamente**. Questo processo **non può essere annullato**!

Per prima cosa, connettiti al tuo server tramite SSH.

Per disinstallare WireGuard, esegui:

```
sudo bash wg.sh
```

Vedrai le seguenti opzioni:

```
WireGuard is already installed.

Select an option:
  1) Add a new client
  2) List existing clients
  3) Remove an existing client
  4) Show QR code for a client
  5) Remove WireGuard
  6) Exit
```

Seleziona l'opzione 5 dal menu, digitando 5 e premendo Invio. Quindi conferma la rimozione di WireGuard.

Nota: queste opzioni potrebbero cambiare nelle versioni più recenti dello script. Leggi attentamente prima di selezionare l'opzione desiderata.

Per disinstallare OpenVPN, esegui:

```
sudo bash ovpn.sh
```

Vedrai le seguenti opzioni:

```
OpenVPN is already installed.

Select an option:
  1) Add a new client
  2) Export config for an existing client
  3) List existing clients
  4) Revoke an existing client
  5) Remove OpenVPN
  6) Exit
```

Seleziona l'opzione 5 dal menu, digitando 5 e premendo Invio. Quindi conferma la rimozione di OpenVPN.

Per disinstallare IPsec VPN, scarica ed esegui lo script di supporto:

```
wget https://get.vpnsetup.net/unst -O unst.sh
sudo bash unst.sh
```

Quando richiesto, conferma la rimozione del VPN IPsec.

4 Configurare i client VPN

In questo capitolo, imparerai come trasferire i file di configurazione del client dal server VPN al tuo computer locale e come configurare i client VPN WireGuard, OpenVPN e IKEv2 su Windows, macOS, Android e iOS.

4.1 Trasferire i file dal server

Quando configuri i client VPN, potresti dover trasferire in modo sicuro i file di configurazione del client dal server al tuo computer locale. Un modo per farlo è usare il comando `scp`. Passaggi di esempio:

1. Apri il terminale sul tuo computer. Su Windows, puoi usare un emulatore di terminale come Git per Windows.

   Git per Windows: https://git-scm.com/downloads
   Scarica la versione portatile, quindi fai doppio clic per installare. Al termine, apri la cartella `PortableGit` e fai doppio clic per eseguire `git-bash.exe`.

2. Digita il seguente comando, sostituendo `username` con il tuo nome utente SSH (ad esempio `root`), `server-ip` con l'indirizzo IP o il nome host del tuo server, `/path/to/file` con il percorso del file sul server e `/local/folder` con la cartella locale in cui vuoi salvare il file.

   ```
   scp username@server-ip:/path/to/file /local/folder
   ```

3. Ad esempio, se vuoi autenticarti come `root` e trasferire `/root/client.conf` dal server con indirizzo IP `192.0.2.1` alla cartella di lavoro corrente sul computer locale, digita:

```
scp root@192.0.2.1:/root/client.conf ./
```

Nota: se usi Git per Windows, la cartella locale / di solito punta alla cartella di installazione, ad esempio `PortableGit`.

4. Se stai utilizzando una password per effettuare l'accesso, ti verrà chiesto di inserire la tua password. Digita la tua password e premi Invio.

5. Il file verrà quindi trasferito dal server e salvato nella cartella locale specificata.

4.2 Configurare i client VPN WireGuard

I client VPN WireGuard sono disponibili per Windows, macOS, iOS e Android:
https://www.wireguard.com/install/

Per aggiungere una connessione VPN, apri l'app WireGuard sul tuo dispositivo mobile, tocca il pulsante "Aggiungi", quindi scansiona il codice QR generato nell'output dello script. Per Windows e macOS, prima trasferisci in modo sicuro il file `.conf` generato sul tuo computer, quindi apri WireGuard e importa il file.

Per gestire i client VPN WireGuard, esegui di nuovo lo script di installazione: `sudo bash wg.sh`. Consulta il capitolo 5 per maggiori dettagli.

- Piattaforme
  - Windows
  - macOS
  - Android
  - iOS (iPhone/iPad)

Client VPN WireGuard:
https://www.wireguard.com/install/

4.2.1 Windows

1. Trasferisci in modo sicuro il file `.conf` generato sul tuo computer.
2. Installa e avvia il client VPN **WireGuard**.
3. Fai clic su **Importa tunnel da file**.
4. Cerca e seleziona il file `.conf`, quindi fai clic su **Apri**.
5. Fai clic su **Attiva**.

4.2.2 macOS

1. Trasferisci in modo sicuro il file `.conf` generato sul tuo computer.
2. Installa e avvia l'app **WireGuard** dall'**App Store**.
3. Fai clic su **Importa tunnel da file**.
4. Cerca e seleziona il file `.conf`, quindi fai clic su **Importa**.
5. Fai clic su **Attivato**.

4.2.3 Android

1. Installa e avvia l'app **WireGuard** da **Google Play**.
2. Tocca il pulsante "+", quindi tocca **Scansiona da codice QR**.

3. Esegui la scansione del codice QR generato nell'output dello script VPN.
4. Inserisci qualsiasi cosa desideri per **Nome tunnel**.
5. Tocca **Crea tunnel**.
6. Fai scorrere l'interruttore su ON per il nuovo profilo VPN.

4.2.4 iOS (iPhone/iPad)

1. Installa e avvia l'app **WireGuard** da **App Store**.
2. Tocca **Aggiungi un tunnel**, quindi tocca **Crea da codice QR**.
3. Esegui la scansione del codice QR generato nell'output dello script VPN.
4. Inserisci qualsiasi cosa desideri per il nome tunnel.
5. Tocca **Salva**.
6. Fai scorrere l'interruttore su ON per il nuovo profilo VPN.

4.3 Configurare i client OpenVPN

I client OpenVPN (https://openvpn.net/vpn-client/) sono disponibili per Windows, macOS, iOS e Android. Gli utenti macOS possono anche usare Tunnelblick (https://tunnelblick.net).

Per aggiungere una connessione VPN, prima trasferisci in modo sicuro il file `.ovpn` generato sul tuo dispositivo, quindi apri l'app OpenVPN e importa il profilo VPN.

Per gestire i client OpenVPN, esegui di nuovo lo script di installazione: `sudo bash ovpn.sh`. Consulta il capitolo 5 per maggiori dettagli.

- Piattaforme

- Windows
- macOS
- Android
- iOS (iPhone/iPad)

Client OpenVPN: https://openvpn.net/vpn-client/

4.3.1 Windows

1. Trasferisci in modo sicuro il file .ovpn generato sul tuo computer.
2. Installa e avvia il client VPN **OpenVPN Connect**.
3. Nella schermata **Get connected**, fai clic sulla scheda **Upload file**.
4. Trascina e rilascia il file .ovpn nella finestra oppure cerca e seleziona il file .ovpn, quindi fai clic su **Apri**.
5. Fai clic su **Connect**.

4.3.2 macOS

1. Trasferisci in modo sicuro il file .ovpn generato sul tuo computer.
2. Installa e avvia Tunnelblick (https://tunnelblick.net).
3. Nella schermata di benvenuto, fai clic su **Possiedo un file di Configurazione**.
4. Nella schermata **Aggiungi una configurazione**, fai clic su **OK**.
5. Fai clic sull'icona Tunnelblick nella barra dei menu, quindi seleziona **Dettagli VPN**.
6. Trascina e rilascia il file .ovpn nella finestra **Configurazioni** (riquadro a sinistra).
7. Segui le istruzioni sullo schermo per installare il profilo OpenVPN.

8. Fai clic su **Connetti**.

4.3.3 Android

1. Trasferisci in modo sicuro il file `.ovpn` generato sul tuo dispositivo Android.
2. Installa e avvia **OpenVPN Connect** da **Google Play**.
3. Nella schermata **Get connected**, tocca la scheda **Upload file**.
4. Tocca **Browse**, quindi cerca e seleziona il file `.ovpn`.
   Nota: per trovare il file `.ovpn`, tocca il pulsante del menu a tre righe, quindi cerca la posizione in cui hai salvato il file.
5. Nella schermata **Imported Profile**, tocca **Connect**.

4.3.4 iOS (iPhone/iPad)

Per prima cosa, installa e avvia **OpenVPN Connect** dall'**App Store**. Quindi trasferisci in modo sicuro il file `.ovpn` generato sul tuo dispositivo iOS. Per trasferire il file, puoi:

1. Inviare il file tramite AirDrop e aprirlo con OpenVPN, oppure
2. Caricarlo sul tuo dispositivo (cartella dell'app OpenVPN) usando condivisione file (https://support.apple.com/it-it/119585), quindi avviare l'app OpenVPN Connect e toccare la scheda **File**.

Al termine, tocca **Add** per importare il profilo VPN, quindi tocca **Connect**.

Per personalizzare le impostazioni per l'app OpenVPN Connect, tocca il pulsante del menu a tre linee, quindi tocca **Settings**.

4.4 Configurare i client VPN IKEv2

IKEv2 è supportato nativamente da Windows, macOS, iOS e Chrome OS. Non c'è alcun software aggiuntivo da installare. Gli utenti Android possono usare il client VPN gratuito strongSwan.

Per gestire i client IKEv2, esegui `sudo ikev2.sh` sul tuo server. Consulta il capitolo 5 per maggiori dettagli.

- Piattaforme
  - Windows
  - macOS
  - Android
  - iOS (iPhone/iPad)
  - Chrome OS (Chromebook)

4.4.1 Windows

4.4.1.1 Importa automaticamente la configurazione

Screencast: configurazione di importazione automatica IKEv2 su Windows
Guarda su YouTube: https://youtu.be/H8-S35OgoeE

Gli utenti Windows 8, 10 e 11+ possono importare automaticamente la configurazione IKEv2:

1. Trasferisci in modo sicuro il file `.p12` generato sul tuo computer.
2. Scarica ikev2_config_import.cmd (https://github.com/hwdsl2/vpn-extras/releases/latest/download/ikev2_config_import.c

md) e salva questo script helper nella **stessa cartella** del file `.p12`.

3. Fai clic con il pulsante destro del mouse sullo script salvato e seleziona **Proprietà**. Fai clic su **Annulla blocco** in basso, quindi fai clic su **OK**.

4. Fai clic con il pulsante destro del mouse sullo script salvato, seleziona **Esegui come amministratore** e segui le istruzioni.

Per connetterti alla VPN: fai clic sull'icona wireless/rete nella barra delle applicazioni, seleziona la nuova voce VPN e fai clic su **Connetti**. Una volta connesso, puoi verificare che il tuo traffico venga instradato correttamente cercando il tuo indirizzo IP su Google. Dovresti vedere "Il tuo indirizzo IP pubblico è `IP del tuo server VPN`".

4.4.1.2 Importa manualmente la configurazione

Screencast: importare manualmente la configurazione IKEv2 su Windows
Guarda su YouTube: https://youtu.be/-CDnvh58EJM

In alternativa, gli utenti di Windows 8, 10 e 11+ possono importare manualmente la configurazione IKEv2:

1. Trasferisci in modo sicuro il file `.p12` generato sul tuo computer, quindi importalo nell'archivio certificati. Per importare il file `.p12`, esegui quanto segue da un prompt dei comandi con privilegi elevati:

```
# Importa file .p12 (sostituisci con
# il tuo valore)
certutil -f -importpfx \
   "\path\to\your\file.p12" NoExport
```

Nota: quando viene richiesta una password, premere Invio per continuare.

2. Sul computer Windows, aggiungere una nuova connessione VPN IKEv2. Eseguire quanto segue da un prompt dei comandi:

```
# Crea una connessione VPN (sostituisci
# l'indirizzo del server con il tuo valore)
powershell -command ^"Add-VpnConnection ^
  -ServerAddress 'IP del tuo server VPN' ^
  -Name 'My IKEv2 VPN' -TunnelType IKEv2 ^
  -AuthenticationMethod MachineCertificate ^
  -EncryptionLevel Required -PassThru^"

# Imposta la configurazione IPsec
powershell -command ^
  ^"Set-VpnConnectionIPsecConfiguration ^
  -ConnectionName 'My IKEv2 VPN' ^
  -AuthenticationTransformConstants GCMAES128 ^
  -CipherTransformConstants GCMAES128 ^
  -EncryptionMethod AES256 ^
  -IntegrityCheckMethod SHA256 -PfsGroup None ^
  -DHGroup Group14 -PassThru -Force^"
```

Per connetterti alla VPN: fai clic sull'icona wireless/rete nella barra delle applicazioni, seleziona la nuova voce VPN e fai clic su **Connetti**. Una volta connesso, puoi verificare che il tuo traffico venga instradato correttamente cercando il tuo indirizzo IP su Google. Dovresti vedere "Il tuo indirizzo IP pubblico è IP del tuo server VPN".

4.4.1.3 Rimuovere la connessione VPN

Seguendo i passaggi seguenti, è possibile rimuovere la connessione VPN e, facoltativamente, ripristinare il computer allo stato precedente all'importazione della configurazione IKEv2.

1. Vai su Impostazioni di Windows → Rete → VPN e rimuovi la connessione VPN aggiunta.

2. (Facoltativo) Rimuovere i certificati IKEv2.

    1. Premi il tasto Windows + R e digita `certlm.msc`, oppure cerca `certlm.msc` nel menu Start. Apri `Certificati - Computer locale`.

    2. Vai su `Personale` → `Certificati` ed elimina il certificato client IKEv2. Il nome del certificato è lo stesso del nome client IKEv2 specificato (predefinito: `vpnclient`). Il certificato è stato emesso da `IKEv2 VPN CA`.

    3. Vai su `Autorità di certificazione radice attendibili` → `Certificati` ed elimina il certificato IKEv2 VPN CA. Il certificato è stato rilasciato a `IKEv2 VPN CA` da `IKEv2 VPN CA`. Prima di eliminarlo, assicurati che non ci siano altri certificati rilasciati da `IKEv2 VPN CA` in `Personale` → `Certificati`.

4.4.2 macOS

Screencast: configurazione di importazione IKEv2 e connessione su macOS
Guarda su YouTube: https://youtu.be/E2IZMUtR7kU

Per prima cosa, trasferisci in modo sicuro il file
`.mobileconfig` generato sul tuo Mac, quindi fai doppio clic e
segui le istruzioni per importare come profilo macOS. Se il tuo
Mac esegue macOS Big Sur o versioni successive, apri
Impostazioni di Sistema e vai alla sezione Profili per
completare l'importazione. Per macOS Ventura e versioni
successive, apri Impostazioni di Sistema e cerca Profili. Al
termine, verifica che "IKEv2 VPN" sia elencato in
Impostazioni di Sistema → Profili.

Per connetterti alla VPN:

1. Apri Impostazioni di Sistema e vai alla sezione Rete.
2. Seleziona la connessione VPN con `IP del tuo server VPN`.
3. Seleziona la casella di controllo **Mostra stato VPN nella barra dei menu**. Per macOS Ventura e versioni successive, questa impostazione può essere configurata in Impostazioni di Sistema → Centro di Controllo → Solo barra dei menu.
4. Fai clic su **Connetti** o fai scorrere l'interruttore VPN su ON.

(Funzione facoltativa) Abilita **Connetti su richiesta** per
avviare automaticamente una connessione VPN quando il tuo
Mac è in Wi-Fi. Per abilitarla, seleziona la casella di controllo
Connetti su richiesta per la connessione VPN e fai clic su
Applica. Per trovare questa impostazione su macOS Ventura
e versioni successive, fai clic sull'icona "i" a destra della
connessione VPN.

Una volta connesso, puoi verificare che il tuo traffico venga
instradato correttamente cercando il tuo indirizzo IP su
Google. Dovresti vedere "Il tuo indirizzo IP pubblico è `IP del`

tuo server VPN".

Per rimuovere la connessione VPN, apri Impostazioni di Sistema → Profili e rimuovi il profilo VPN IKEv2 che hai aggiunto.

4.4.3 Android

4.4.3.1 Utilizzo del client VPN strongSwan

Screencast: connettiti tramite Android strongSwan VPN client
Guarda su YouTube: https://youtu.be/i6j1N_7cI-w

Gli utenti Android possono connettersi utilizzando il client VPN strongSwan (consigliato).

1. Trasferisci in modo sicuro il file .sswan generato sul tuo dispositivo Android.
2. Installa strongSwan VPN client da **Google Play**.
3. Avvia strongSwan VPN client.
4. Tocca il menu "Altre opzioni" in alto a destra, quindi tocca **Import VPN profile**.
5. Scegli il file .sswan trasferito dal server VPN.
   Nota: per trovare il file .sswan, tocca il pulsante del menu a tre righe, quindi vai alla posizione in cui hai salvato il file.
6. Nella schermata "Import VPN profile", tocca **Import certificate from VPN profile** e segui le istruzioni.
7. Nella schermata "Scegli certificato", seleziona il nuovo certificato client, quindi tocca **Seleziona**.
8. Tocca **Import**.
9. Tocca il nuovo profilo VPN per connetterti.

(Funzione facoltativa) Puoi scegliere di abilitare la funzione "VPN sempre attiva" su Android. Avvia l'app **Impostazioni**, vai su Rete e Internet → VPN, fai clic sull'icona dell'ingranaggio a destra di "strongSwan VPN client", quindi abilita le opzioni **VPN sempre attiva** e **Blocca connessioni senza VPN**.

Una volta connesso, puoi verificare che il tuo traffico venga instradato correttamente cercando il tuo indirizzo IP su Google. Dovresti vedere "Il tuo indirizzo IP pubblico è IP del tuo server VPN".

4.4.3.2 Utilizzo del client IKEv2 nativo

Screencast: connettiti utilizzando il client VPN nativo su Android 11+
Guarda su YouTube: https://youtu.be/Cai6k4GgkEE

Gli utenti Android 11+ possono connettersi anche utilizzando il client IKEv2 nativo.

1. Trasferisci in modo sicuro il file .p12 generato sul tuo dispositivo Android.
2. Avviare l'applicazione **Impostazioni**.
3. Vai su Sicurezza → Crittografia e credenziali.
4. Tocca **Installa un certificato**.
5. Tocca **Certif. utente per app e VPN**.
6. Seleziona il file .p12 che hai trasferito dal server VPN.
   Nota: per trovare il file .p12, tocca il pulsante del menu a tre linee, quindi vai alla posizione in cui hai salvato il filc.
7. Inserisci un nome per il certificato, quindi tocca **OK**.
8. Vai su Impostazioni → Rete e Internet → VPN, quindi tocca il pulsante "+".
9. Inserisci un nome per il profilo VPN.

45

10. Seleziona **IKEv2/IPSec RSA** dal menu a discesa **Tipo**.

11. Inserisci `IP del tuo server VPN` per **Indirizzo server**.

12. Inserisci qualsiasi cosa desideri per **Identificatore IPSec**.

    Nota: questo campo non dovrebbe essere obbligatorio. È un bug di Android.

13. Seleziona il certificato importato dal menu a discesa **Certificato IPSec dell'utente**.

14. Seleziona il certificato importato dal menu a discesa **Certificato CA per IPSec**.

15. Seleziona **(ricevuto dal server)** dal menu a discesa **Certificato server IPSec**.

16. Tocca **Salva**. Quindi tocca la nuova connessione VPN e tocca **Connetti**.

Una volta connesso, puoi verificare che il tuo traffico venga instradato correttamente cercando il tuo indirizzo IP su Google. Dovresti vedere "Il tuo indirizzo IP pubblico è `IP del tuo server VPN`".

4.4.4 iOS (iPhone/iPad)

Screencast: configurazione di importazione IKEv2 e connessione su iOS (iPhone e iPad)
Guarda su YouTube:
https://youtube.com/shorts/Y5HuX7jk_Kc

Per prima cosa, trasferisci in modo sicuro il file `.mobileconfig` generato sul tuo dispositivo iOS, quindi importalo come profilo iOS. Per trasferire il file, puoi:

1. Inviarlo tramite AirDrop, oppure
2. Caricarlo sul tuo dispositivo (qualsiasi cartella App) usando condivisione file (https://support.apple.com/it-

it/119585), quindi aprire l'app "File" sul tuo dispositivo iOS e spostare il file caricato nella cartella "iPhone". Dopodiché, toccare il file e andare all'app "Impostazioni" per importarlo, oppure

3. Ospitare il file su un tuo sito web sicuro, quindi scaricalo e importarlo in Mobile Safari.

Al termine, controlla che "IKEv2 VPN" sia elencato in Impostazioni → Generali → VPN e gestione dispositivo o Profilo/i.

Per connetterti alla VPN:

1. Vai su Impostazioni → VPN. Seleziona la connessione VPN con IP del tuo server VPN.
2. Fai scorrere l'interruttore **VPN** su ON.

(Funzione facoltativa) Abilita **Connetti su richiesta** per avviare automaticamente una connessione VPN quando il tuo dispositivo iOS è in Wi-Fi. Per abilitare, tocca l'icona "i" a destra della connessione VPN e abilita **Connetti su richiesta**.

Una volta connesso, puoi verificare che il tuo traffico venga instradato correttamente cercando il tuo indirizzo IP su Google. Dovresti vedere "Il tuo indirizzo IP pubblico è IP del tuo server VPN".

Per rimuovere la connessione VPN, apri Impostazioni → Generali → VPN e gestione dispositivo o Profilo/i e rimuovi il profilo VPN IKEv2 che hai aggiunto.

4.4.5 Chrome OS (Chromebook)

Per prima cosa, sul tuo server VPN, esporta il certificato CA come `ca.cer`:

```
sudo certutil -L -d sql:/etc/ipsec.d \
  -n "IKEv2 VPN CA" -a -o ca.cer
```

Trasferisci in modo sicuro i file `.p12` e `ca.cer` generati sul tuo dispositivo Chrome OS.

Installa i certificati utente e CA:

1. Apri una nuova scheda in Google Chrome.
2. Nella barra degli indirizzi, inserisci: **chrome://settings/certificates**
3. **(Importante)** Fai clic su **Importa e associa**, non su **Importa**.
4. Nella casella che si apre, scegli il file `.p12` trasferito dal server VPN e seleziona **Apri**.
5. Fai clic su **OK** se il certificato non ha una password. Altrimenti, inserisci la password del certificato.
6. Fai clic sulla scheda **Autorità**. Quindi fai clic su **Importa**.
7. Nella casella che si apre, seleziona **Tutti i file** nel menu a discesa in basso a sinistra.
8. Scegli il file `ca.cer` trasferito dal server VPN e seleziona **Apri**.
9. Mantieni le opzioni predefinite e fai clic su **OK**.

Aggiungi una nuova connessione VPN:

1. Vai su Impostazioni → Rete.
2. Fai clic su **Aggiungi connessione**, quindi su **Aggiungi VPN integrata**.

3. Inserisci qualsiasi cosa desideri per **Nome servizio**.

4. Seleziona **IPsec (IKEv2)** nel menu a discesa **Tipo di provider**.

5. Inserisci IP del tuo server VPN per **Nome host del server**.

6. Seleziona **Certificato utente** nel menu a discesa **Tipo di autenticazione**.

7. Seleziona **IKEv2 VPN CA [IKEv2 VPN CA]** nel menu a discesa **Certificato CA del server**.

8. Seleziona **IKEv2 VPN CA [nome client]** nel menu a discesa **Certificato utente**.

9. Lascia vuoti gli altri campi.

10. Abilita **Salva identità e password**.

11. Fai clic su **Connetti**.

(Funzione facoltativa) Puoi scegliere di abilitare la funzione "VPN sempre attiva" su Chrome OS. Per gestire questa impostazione, vai su Impostazioni → Rete, quindi fai clic su **VPN**.

Una volta connesso, vedrai un'icona VPN sovrapposta all'icona di stato della rete. Puoi verificare che il tuo traffico venga instradato correttamente cercando il tuo indirizzo IP su Google. Dovresti vedere "Il tuo indirizzo IP pubblico è IP del tuo server VPN".

5 Gestire i client VPN

Dopo aver configurato il server VPN, puoi gestire i client WireGuard, OpenVPN e VPN IKEv2 seguendo le istruzioni in questo capitolo.

Ad esempio, puoi aggiungere nuovi client VPN sul server per i tuoi computer e dispositivi mobili aggiuntivi, elencare i client VPN esistenti o esportare la configurazione per un client esistente.

5.1 Gestire i client VPN WireGuard

Per gestire i client VPN WireGuard, prima connettiti al tuo server tramite SSH (vedi capitolo 3), quindi esegui:

```
sudo bash wg.sh
```

Vedrai le seguenti opzioni:

```
WireGuard is already installed.

Select an option:
  1) Add a new client
  2) List existing clients
  3) Remove an existing client
  4) Show QR code for a client
  5) Remove WireGuard
  6) Exit
```

Puoi quindi immettere l'opzione desiderata per aggiungere, elencare o rimuovere i client VPN WireGuard.

Nota: queste opzioni potrebbero cambiare nelle versioni più recenti dello script. Leggi attentamente prima di selezionare l'opzione desiderata.

In alternativa, puoi eseguire wg.sh con le opzioni della riga di comando. Vedi sotto per i dettagli.

5.1.1 Aggiungere un nuovo client

Per aggiungere un nuovo client VPN WireGuard:

1. Seleziona l'opzione 1 dal menu, digitando 1 e premendo Invio.
2. Fornisci un nome per il nuovo client.
3. Seleziona un server DNS per il nuovo client, che verrà utilizzato durante la connessione alla VPN.

In alternativa, puoi eseguire wg.sh con l'opzione --addclient. Utilizza l'opzione -h per mostrare l'utilizzo.

```
sudo bash wg.sh --addclient [nome client]
```

Passaggi successivi: configurare i client VPN WireGuard. Vedere il capitolo 4, sezione 4.2 per maggiori dettagli.

5.1.2 Elencare i client esistenti

Seleziona l'opzione 2 dal menu, digitando 2 e premendo Invio. Lo script visualizzerà quindi un elenco dei client VPN WireGuard esistenti.

In alternativa, puoi eseguire wg.sh con l'opzione --listclients.

```
sudo bash wg.sh --listclients
```

5.1.3 Rimuovere un client

Per rimuovere un client VPN WireGuard esistente:

1. Seleziona l'opzione 3 dal menu, digitando 3 e premendo Invio.
2. Dall'elenco dei client esistenti, seleziona il client che vuoi rimuovere.
3. Conferma la rimozione del client.

In alternativa, puoi eseguire `wg.sh` con l'opzione `--removeclient`.

```
sudo bash wg.sh --removeclient [nome client]
```

5.1.4 Mostrare il codice QR per un client

Per mostrare il codice QR per un client esistente:

1. Seleziona l'opzione 4 dal menu, digitando 4 e premendo Invio.
2. Dall'elenco dei client esistenti, seleziona il client per cui vuoi mostrare il codice QR.

In alternativa, puoi eseguire `wg.sh` con l'opzione `--showclientqr`.

```
sudo bash wg.sh --showclientqr [nome client]
```

Puoi usare i codici QR per configurare i client VPN WireGuard per Android e iOS. Vedere il capitolo 4, sezione 4.2 per maggiori dettagli.

5.2 Gestire i client OpenVPN

Per gestire i client OpenVPN, prima connettiti al tuo server tramite SSH (vedi capitolo 3), quindi esegui:

```
sudo bash ovpn.sh
```

Vedrai le seguenti opzioni:

```
OpenVPN is already installed.

Select an option:
 1) Add a new client
 2) Export config for an existing client
 3) List existing clients
 4) Revoke an existing client
 5) Remove OpenVPN
 6) Exit
```

Puoi quindi immettere l'opzione desiderata per aggiungere, esportare, elencare o revocare i client OpenVPN.

Nota: queste opzioni potrebbero cambiare nelle versioni più recenti dello script. Leggi attentamente prima di selezionare l'opzione desiderata.

In alternativa, puoi eseguire `ovpn.sh` con le opzioni della riga di comando. Vedi sotto per i dettagli.

5.2.1 Aggiungere un nuovo client

Per aggiungere un nuovo client OpenVPN:

1. Seleziona l'opzione 1 dal menu, digitando 1 e premendo Invio.

2. Fornisci un nome per il nuovo client.

In alternativa, puoi eseguire ovpn.sh con l'opzione --addclient. Utilizza l'opzione -h per mostrare l'utilizzo.

```
sudo bash ovpn.sh --addclient [nome client]
```

Passaggi successivi: configurare i client OpenVPN. Vedere il capitolo 4, sezione 4.3 per maggiori dettagli.

5.2.2 Esportare un client esistente

Per esportare la configurazione OpenVPN per un client esistente:

1. Seleziona l'opzione 2 dal menu, digitando 2 e premendo Invio.
2. Dall'elenco dei client esistenti, seleziona il client che vuoi esportare.

In alternativa, puoi eseguire ovpn.sh con l'opzione --exportclient.

```
sudo bash ovpn.sh --exportclient [nome client]
```

5.2.3 Elencare i client esistenti

Seleziona l'opzione 3 dal menu, digitando 3 e premendo Invio. Lo script visualizzerà quindi un elenco dei client OpenVPN esistenti.

In alternativa, puoi eseguire ovpn.sh con l'opzione --listclients.

```
sudo bash ovpn.sh --listclients
```

5.2.4 Revocare un client

In determinate circostanze, potrebbe essere necessario revocare un certificato client OpenVPN generato in precedenza.

1. Seleziona l'opzione 4 dal menu, digitando 4 e premendo Invio.
2. Dall'elenco dei client esistenti, seleziona il client che desideri revocare.
3. Conferma la revoca del client.

In alternativa, puoi eseguire ovpn.sh con l'opzione --revokeclient.

```
sudo bash ovpn.sh --revokeclient [nome client]
```

5.3 Gestire i client VPN IKEv2

Per gestire i client VPN IKEv2, prima connettiti al tuo server tramite SSH (vedi capitolo 3), quindi esegui:

```
sudo ikev2.sh
```

Vedrai le seguenti opzioni:

```
IKEv2 is already set up on this server.

Select an option:
  1) Add a new client
  2) Export config for an existing client
  3) List existing clients
  4) Revoke an existing client
  5) Delete an existing client
```

```
6) Remove IKEv2
7) Exit
```

Puoi quindi immettere l'opzione desiderata per gestire i client IKEv2.

Nota: queste opzioni potrebbero cambiare nelle versioni più recenti dello script. Leggi attentamente prima di selezionare l'opzione desiderata.

In alternativa, puoi eseguire `ikev2.sh` con le opzioni della riga di comando. Vedi sotto per i dettagli.

5.3.1 Aggiungere un nuovo client

Per aggiungere un nuovo client IKEv2:

1. Seleziona l'opzione 1 dal menu, digitando 1 e premendo Invio.
2. Fornisci un nome per il nuovo client.
3. Specifica il periodo di validità per il nuovo certificato client.

In alternativa, puoi eseguire `ikev2.sh` con l'opzione `--addclient`. Utilizza l'opzione `-h` per mostrare l'utilizzo.

```
sudo ikev2.sh --addclient [nome client]
```

Passaggi successivi: configurare i client VPN IKEv2. Vedere il capitolo 4, sezione 4.4 per maggiori dettagli.

5.3.2 Esportare un client esistente

Per esportare la configurazione IKEv2 per un client esistente:

1. Seleziona l'opzione 2 dal menu, digitando 2 e premendo Invio.
2. Dall'elenco dei client esistenti, inserisci il nome del client che vuoi esportare.

In alternativa, puoi eseguire `ikev2.sh` con l'opzione `--exportclient`.

```
sudo ikev2.sh --exportclient [nome client]
```

5.3.3 Elencare i client esistenti

Seleziona l'opzione 3 dal menu, digitando 3 e premendo Invio. Lo script visualizzerà quindi un elenco dei client IKEv2 esistenti.

In alternativa, puoi eseguire `ikev2.sh` con l'opzione `--listclients`.

```
sudo ikev2.sh --listclients
```

5.3.4 Revocare un client

In determinate circostanze, potrebbe essere necessario revocare un certificato client IKEv2 generato in precedenza.

1. Seleziona l'opzione 4 dal menu, digitando 4 e premendo Invio.
2. Dall'elenco dei client esistenti, inserisci il nome del client che vuoi revocare.
3. Conferma la revoca del client.

In alternativa, puoi eseguire `ikev2.sh` con l'opzione `--revokeclient`.

```
sudo ikev2.sh --revokeclient [nome client]
```

5.3.5 Eliminare un client

Per eliminare un client IKEv2 esistente:

1. Seleziona l'opzione 5 dal menu, digitando 5 e premendo Invio.
2. Dall'elenco dei client esistenti, inserisci il nome del client che desideri eliminare.
3. Conferma l'eliminazione del client.

In alternativa, puoi eseguire `ikev2.sh` con l'opzione `--deleteclient`.

```
sudo ikev2.sh --deleteclient [nome client]
```

Informazioni sull'autore

Lin Song, PhD, è un ingegnere informatico e sviluppatore open source. Ha creato e gestisce i progetti Setup IPsec VPN su GitHub dal 2014, per creare il tuo server VPN in pochi minuti. I progetti hanno più di 20.000 stelle GitHub e più di 30 milioni di Docker pull, e hanno aiutato milioni di utenti a creare i propri server VPN.

Connettiti con Lin Song
GitHub: https://github.com/hwdsl2
LinkedIn: https://www.linkedin.com/in/linsongui

Grazie per la lettura! Spero che tu possa trarre il meglio da questo libro. Se ti è stato utile ti sarei molto grato se lasciassi una valutazione o pubblicassi una breve recensione.

Grazie,
Lin Song
Autore

www.ingramcontent.com/pod-product-compliance
Lightning Source LLC
Chambersburg PA
CBHW061050220326
41597CB00018BA/2780